時代をつくるデザイナーになりたい!!

Cake Designer
ケーキデザイナー

いつの時代もかわらずに、
世界中の人びとから愛される
人気のお菓子をつくりたいから、
めざせ、ケーキデザイナーを!!

協力
東京都洋菓子協会
日本ケーキデコレーション協会

六耀社

時代をつくるデザイナーになりたい!!
ケーキデザイナー

もくじ

3　第1章　心いやして、生活にうるおいをもたらすケーキを創造する

ケーキデザイナーの基礎知識①／ケーキデザイナーの基礎知識②／ケーキデザインの基礎知識③／ケーキデザイナーの基礎知識④

12　第2章　おいしさとうつくしさで笑顔をうみだすケーキデザイナー

13　ケーキデザイナーの仕事①　菅原智大さん
パティシエは、製菓コンテストで技術を高めていく

シェフ・パティシエとしてかつやくする／アメ細工のみりょくにひきつけられて／アメ細工を使った新作ケーキをつくる／より高い製菓の技術とデザインセンスを得るために

18　ケーキデザイナーの仕事②　伊藤文明さん
ケーキ専門店でかつやくするパティシエ

のぞいてみよう！　ケーキのできるまで／地域に密着したケーキ専門店をめざして

23　パティシエが使いこなす道具

24　ケーキデザイナーの仕事③　西村緑さん
アートなデコレーションの楽しさを伝える

アメリカうまれのケーキデコレーター／ケーキデコレーターがつくるケーキ／ケーキデコレーターがめざすデコレーションのかたち／ケーキデコレーターの世界を広める

29　ケーキデザイナーの仕事④　manatoさん
お客の希望にこたえるケーキデコレーター

お客のよろこぶようすに心動かされて／お客の注文に応じて創造するケーキのデコレーション

32　ケーキデコレーターがよく使う道具

33　ケーキデザイナーの気になるQ&A

Q1　ケーキデザイナーになるための進路
Q2　ケーキデザイナーをめざして学ぶこと
Q3　ケーキデザイナーにもとめられる資格
Q4　ケーキデザイナーのための製菓コンテスト

第1章

心いやして、生活にうるおいをもたらす
ケーキを創造する
Cake Designer

お祝いの席をにぎやかにもりあげてくれる、
いこいのひとときをなごませてくれる、
あまく、おいしいお菓子の数かず……。
人びとの心をひきつけてくれるお菓子は、
私たちとどのようにかかわってきたのでしょうか。
その歩みをふりかえりながら、
日本の伝統の和菓子と、世界に広がる洋菓子の
すてきな世界をさぐっていきましょう。

ケーキデザイナーの基礎知識 ①

きみたち、お菓子は好きですか？

ぼくは毎日きそく正しく食べてるよ。

もちろんですよ。

いま、私たちが食べているお菓子は大きくふたつの種類にわけることができます。

心いやして、生活にうるおいをもたらすケーキを創造する

いろいろな和菓子のなかま

　和菓子は、日本の伝統的なお菓子です。はじまりは、古代の人たちが食べていた野生の木の実やくだものといわれています。その後、大陸からお菓子をつくる技術が伝えられて、日本でも本格的なお菓子づくりがはじまりました。
　そして、国内で日本茶がつくられるようになると、お茶菓子とよばれる高級な和菓子がうまれました。やがて、いっぱんの人びとが手軽に手に入れることのできる和菓子もつくられて、和菓子は広く食べられるようになりました。
〈おもな和菓子〉●お米を加工したもち菓子　●蒸し菓子　●焼き菓子　●寒天やアメなどを使った流し菓子　●あんやもちを使う練り菓子　●ことなる素材をあわせた菓子　●揚げ菓子　ほか

いろいろな洋菓子のなかま（くわしくは10ページ）

　洋菓子がはじめて日本に伝えられたのは、室町時代のことです。江戸時代には、日本で1か所だけ外国と交流のあった長崎に、オランダなどから洋菓子が入ってきました。
　そののち、明治時代の文明開化とともに、西洋からさまざまなお菓子が伝えられました。こうして、洋菓子は日本国内に急速に広まっていきました。
〈おもな洋菓子〉●小麦粉・さとう・タマゴをまぜて焼いたスポンジケーキ　●おもにバターを使ったバターケーキ　●シュークリームに代表されるシュー菓子　●イースト菌やビール菌などを利用した発酵菓子　●焼き菓子全ぱんをいうタルト　●小麦粉にさとうをくわえて焼いてつくるワッフル　●ピザやパイなどの料理菓子　ほか

ふくまれる水分の量で3つにわかれる

生菓子
水分が30％以上のもので、保存があまりできない。和菓子（どらやき、ういろう、さくらもちなど）、洋菓子（ゼリー、プリン、シュークリーム、ババロアなど）。

半生菓子
水分が10～30％のもので、保存期間はみじかい。和菓子（ようかん、カステラ、もなかなど）、洋菓子（スポンジケーキ、バターケーキ、ショートケーキなど）。

干菓子
水分が10％以下のもので、保存期間は長い。和菓子（せんべい、かりんとう、アメ、豆類など）、洋菓子（チョコレート、キャンディ、スナック菓子など）。

ケーキデザイナーの基礎知識②

さて、世界ではいつごろから人びとにお菓子が食べられていたのでしょう。

考えてみたこともないわ。

世界ではじめてお菓子がつくられたのは、いまから5000年もむかしのこと。古代エジプトの時代といわれています。

ヨーロッパを中心に発展していったんだね。

ヨーロッパでうまれたフランス菓子という洋菓子の技術が、世界中に広まっていったのね。

うん。

世界のお菓子の歴史

● **紀元前3000年〜紀元前500年ごろ**
古代エジプトで、小麦粉のパンがつくられた。

● **紀元前350年ごろ**
エジプトから伝わった技術をもとに、古代ギリシャでいろいろなお菓子がつくられた。

● **6世紀ごろ**
古代ローマにさとうが伝えられて、お菓子づくりがさかんになった。

● **15世紀ごろ**
中世ヨーロッパでキリスト教が広まり、修道院を中心におまつり用のお菓子がつくられた。

● **16世紀ごろ**
学問や芸術のあたらしい運動がおきたルネッサンスの時代に、さまざまなあたらしいスパイス（香辛料）が登場して、たくさんの種類のお菓子がつくられるようになった。

● **18世紀ごろ**
フランスでは、ルイ14世が王位につくとブルボン王朝が全盛期をむかえた。フランス菓子が人びとに広く愛されて、ヨーロッパ中にお菓子づくりの技術が伝えられ、いまの洋菓子のかたちがうまれた。

● **〜現在**
ヨーロッパから、世界中に洋菓子の技術が広まった。

ここでは、日本における
お菓子の歴史をかんたんに
ふりかえってみましょう。

私たちが食べているお菓子は、
どのようにいまに伝えられて
きたのかしら。

① 唐菓子の時代

8世紀〜12世紀ごろ。奈良時代から平安時代にかけて、遣唐使や遣隋使などによって、大陸からお菓子とそのつくり方が伝えられました。当時の中国は、唐とよばれたので、伝えられたお菓子は唐菓子とよばれたのです。

② 茶菓子の時代

12世紀〜14世紀ごろ。鎌倉時代は武士が中心の社会となりました。座禅をする禅宗が広まり、日本茶が栽培されてお茶をのむ習かんが定着したのです。それとともに、茶の席でもちいられる茶菓子がつくられるようになりました。

③ 南蛮菓子の時代

14世紀〜17世紀ごろ。室町時代から安土桃山時代にかけて、キリスト教を伝えるため、オランダやスペインの宣教師（外国にわたり宗教の教えを広める人）が来日しました。その宣教師によって、カステラやこんぺいとうなどの南蛮菓子とよばれる洋菓子が伝えられました。

④ 和菓子が完成する時代

17世紀〜19世紀ごろ。江戸時代になると、高級な京菓子に対して江戸を中心にいっぱんの人たちが手ごろな値段で食べることのできる江戸菓子が広まりました。おかげで、お菓子を食べる習かんが日常的になったといわれています。

⑤ 洋菓子が広まる時代

19世紀ごろ。明治時代になると、わが国にさまざまな西洋文化が入ってきました。その動きのなかで、本格的な洋菓子をつくる技術が伝えられました。こうして、洋菓子は急速に人びとにうけ入れられていったのです。

⑥ お菓子が愛される時代

いまでは、それまで歴史をきざんできた和菓子と洋菓子をもとにしながら、まったくあたらしい発想のお菓子が登場しています。また、外国との交流もさかんになり、いろいろな国のお菓子を食べることもできます。

お菓子づくりの専門家が伝えてきたお菓子は、世代をこえて多くの人びとに愛されているのです。

心いやして、生活にうるおいをもたらすケーキを創造する

日本で食べられる
お菓子は、健康面にも
気をくばるなど
人びとの好みや
時代の動きを
反映したかたちが
みられます。

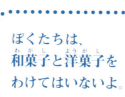
ぼくたちは、
和菓子と洋菓子を
わけてはいないよ。

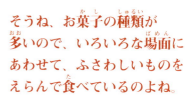
そうね、お菓子の種類が
多いので、いろいろな場面に
あわせて、ふさわしいものを
えらんで食べているのよね。

いまは、日本の伝統的な和菓子と、外国から伝えられた洋菓子がおなじように広く人びとに愛されています。

そうね。おいしいものに国境はないということだわ。

はい！ 私は、洋菓子のケーキづくりの専門家、パティシエです。

でも、あなたはどうしてそんなにお菓子にくわしいの？

上はパティシエの伊藤文明さん（18ページ〜）、右はパティシエの菅原智大さん（13ページ〜）

ケーキは、フランス料理のデザートとしてうまれた。

中世ヨーロッパでさかえたフランスでは、料理の文化もさかんでした。この時代にうまれたのが、いま、世界中で愛されているフランス料理です。

ところが、当時のフランス料理は肉料理が中心で、どちらかというとあぶらっこいものでした。そこで、栄養のかたよりをふせぐために、くだものやお菓子などでつくられる食後のデザートが考えられたといわれています。

そのデザートのためにつくられた代表的なお菓子が、ケーキです。

へぇ〜!?
ケーキは食後のデザートだったのね。

ケーキデザイナーの基礎知識 ③

パティシエは、男性のケーキ職人のことです。女性のパティシエは、パティシエールといいます。でも、日本では、男女ともにパティシエとよんでいます。

私は、レストランで食事をしたあとにデザートでケーキを食べたわ。

ぼくは、お母さんにケーキの専門店で買ってもらうよ。

パティシエがかつやくする場

● ホテル…
レストランのデザートやカフェのメニュー、結婚式のウエディングケーキや結婚披露宴の食事のあとのデザートでケーキをつくります。

● レストラン…
フランス料理やイタリア料理などの専門店で、デザートとしてケーキをつくります。

● ケーキ専門店…
パティシエが個人で店を開いたり、パティシエが所属する会社などが開くケーキを売る店です。ケーキを食べながらお茶をのむカフェをもうけているところもあります。

● ケーキ・メーカー…
ケーキを製造して、デパートのケーキ売り場やスーパーなどに提供する会社の社員としてかつやくします。会社では、ケーキの製造や新商品の企画などにかかわります。

パティシエは、個人でかつやくする場合と専門のチームをくんでかつやくする場合があります。

心いやして、生活にうるおいをもたらすケーキを創造する

パティシエがつくるケーキは人びとに、おいしさとうるおいをあたえる役割をはたしています。

そういえば、私たちは1年をとおしていろいろな場面でケーキを食べているわ。

私たちの生活とケーキのかかわり

1年は春夏秋冬という4つの季節にわけられます。それぞれの季節には、いろいろな歳事（できごと）があります。なかには外国から入ってきた記念日もあります。四季おりおりのできごととケーキのかかわりをみていきましょう。

春
- 3月… ひなまつり、ホワイトデー、春分の日（お彼岸）、イースター（外国ではキリストの復活を祝う日で、復活祭とよばれる）、卒業式
- 4月… エイプリルフール（フランスでうまれたといわれる習かん。4月1日には、昼の12時までうそをついてもいいとされている）、入学式、はなまつり
- 5月… たんごの節句（子どもの日）、母の日（第2日曜日）

夏
- 6月… 父の日（第3日曜日）
- 7月… たなばた
- 8月… おぼん、夏まつり

秋
- 9月… 中秋の名月（お月見）、菊の節句（重陽の節句）、敬老の日、秋分の日
- 10月… ハロウィン
- 11月… 七五三

冬
- 12月… クリスマス
- 1月… 正月
- 2月… 節分、バレンタインデー

ケーキはお祝いの席をもりあげてくれます。

誕生日のケーキは、バースデーケーキというんだ。

誕生日

結婚披露宴

結婚式の披露宴で結婚するふたりを祝うために用意するケーキは、ウエディングケーキというのね。

ケーキデザイナーの基礎知識 ④

> パティシエがつくるケーキは、つぎのような種類にわけることができます。

> 私も食べたことがあるケーキがいっぱいでてくるわ。

おいしいケーキのなかま

■**パイ**…小麦粉とバターやマーガリン、ショートニング（植物油を原料にしたクリーム状の食用油）などをねりまぜてつくる生地を、皿のように広げてオーブンで焼いたもの。りんごなどフルーツをはさんだものや、肉（ミート）などをはさんだものまで、たくさんの種類があります。

■**シュークリーム**…キャベツのかたちをあらわした生地で、カスタードクリームをつつんだケーキです。細長い生地にチョコレートをのせたエクレアもあります。

■**クッキー**…焼き洋菓子の一種で、小麦粉、バター、タマゴ、香料をまぜあわせてオーブンで焼いてつくります。

■**カスタードプディング**…カスタードとは、牛乳とタマゴ、さとうに香料をまぜたクリームをいいます。この材料を蒸したり、蒸し焼きにしたケーキです。カスタードプリンともいわれます。

■**クレープ**…小麦粉にタマゴや牛乳をくわえてまぜた生地を、うすく焼いてフルーツやジャムなどをはさんでつくります。

■**マカロン**…タマゴの白み（卵白）、粉末のアーモンドさとうをまぜたものを、丸いかたちにして焼いたものです。

■**ショートケーキ**…スポンジに生クリームをぬって、フルーツをのせたりはさんだケーキです。日本がうんだケーキの代表です。

■**タルト**…パイ生地やビスケットの生地を丸くかたどり、フルーツなどをのせたケーキです。

■**ムース**…生クリームや卵白をあわだて、すりつぶしたフルーツやチョコレートなどをくわえ、冷やしてかためたもの。

■**マドレーヌ**…ほたて貝のから（マドレーヌという）のかたちにつくった生地を焼いてつくります。

■**ワッフル**…小麦粉にタマゴや牛乳とさとうをまぜた生地を、格子もようのかたちをつけて焼きあげます。そのままでも、ジャムなどをはさんでもおいしく食べられます。

■**ミルフィーユ**…パイ生地をうすく焼いて、カスタードクリームやジャムなどをはさんでつくります。うすいパイ生地の層がかさなってみえるケーキです。

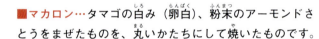

わぁ、これもケーキなの？

菅原さん（13ページ〜）がパティシエの国際的なコンクールで優勝した作品。

まるでアート作品ね。

これは、アメ細工、チョコレート細工という技術でつくられたものです。このように、ケーキづくりでは味はもちろん、うつくしさもたいせつな要素となります。

ケーキはおいしさだけでなく同時に、みた目のうつくしさもみりょくのひとつなのね。

パティシエの世界大会

パティシエにとって、最高の晴れ舞台は、「クープ・デュ・モンド・ドゥ・ラ・パティスリー」という世界大会です。この大会は、「世界パティスリー大会」ともよばれています。
大会は、2年に1度フランスのリヨンで開かれる食べものの見本市の会場でおこなわれます。競技は、おもにチョコレート細工、アメ細工、氷細工とアイスクリームの3つの部門でおこなわれます。

ケーキを創造する世界には、パティシエのほかにケーキデコレーターとよばれる人たちがかつやくしています。

ここからは、パティシエとケーキデコレーターの仕事をみていきます。

ケーキデコレーターとは

パティシエは、伝統的な技法をもとにしながら、自分たちのオリジナルのアイディアをくわえてあたらしいケーキを創造しています。
一方、ケーキデコレーターとよばれる人は、シュガークラフト（25ページ）という表現の技法を使いながら、ホールケーキの表面をかざりつけます。食べるケーキはもちろん、発泡スチロールでつくった土台を使って、展示用や撮影用などのケーキもつくります。

どちらもケーキをデザインして創造する、ケーキデザイナーといえるわね。

第2章

おいしさとうつくしさで笑顔をうみだす
ケーキデザイナー
Cake Designer

世界には国の数だけケーキの種類があります。
それぞれの国のどくとくの材料を使ってつくるケーキと、
世界の国ぐにでおなじつくり方をするケーキがあります。
ケーキは、色やかたちはちがっても、
おいしさとすてきな色彩で、みんなの気もちを明るく楽しく
心をなごませてくれます。
そんなケーキづくりにたずさわるケーキ職人のパティシエと、
ケーキのかざりつけを創造するケーキデコレーターの
仕事ぶりをみてみましょう。

ケーキデザイナーの仕事 ❶

パティシエのケーキづくりは、多くの場合チーム・ワークでおこなわれます。チームの頂点にたつのは、シェフ・パティシエとよばれる製菓スタッフです。シェフ・パティシエには、ケーキづくりのすぐれた実績が問われます。多くのパティシエは、製菓コンテストにチャレンジして、優秀な成績をおさめながら実績をつんでいきます。

> パティシエは、製菓コンテストで技術を高めていく

シェフ・パティシエとしてかつやくする

フランス料理やイタリア料理のレストランには、決められた順番に料理がだされるコース料理というメニューがあります。そして、コース料理の最後に、ケーキなどのデザートがだされます。デザートのケーキづくりを担当するのは、料理長のもとでかつやくするパティシエです。

これから紹介するパティシエの菅原智大さんも、製菓専門学校を卒業後、神奈川県横浜のフランス料理店「HANZOYA」で、コース料理のデザート担当スタッフとして働きはじめました。

それから5年後、「HANZOYA」のグループ店であるパティスリー「ラ ピエスモンテ」（横浜）にうつりました。このときから菅原さんは、毎年のように製菓コンテストに参加して優秀な成績をおさめてきました。

そして、現在は、シェフ・パティシエとしてケーキづくりにはげんでいます。

菅原さんのコンクール受賞歴

- **2010年** 第4回グラス（氷菓）を使ったアシェットデセール・コンテスト　入賞
- **2012年** 第20回内海杯（モンディアル・デ・ザール・シュクレ日本予選）　銅賞
- **2013年** 神奈川県洋菓子コンクール　優勝・銀賞
  第21回内海杯（フランス国際コンクール日本予選）　銀賞・最優秀味覚賞
- **2014年** 第8回グラス（氷菓）を使ったアシェットデセール・コンテスト　準優勝
  トップ・オブ・パティシエ日本予選　準優勝
  第22回内海杯（モンディアル・デ・ザール・シュクレ日本予選）　銀賞
- **2015年** トップ・オブ・パティシエ・イン・アジア2015　優勝

横浜にある「ラ ピエスモンテ」。店内には、ショーケースにならぶケーキを購入できるカウンターと、ケーキを食べることができるカフェスペースがあります。店のおくには工房があり、菅原さんがシェフ・パティシエをつとめ、4人の製菓スタッフを指揮しています。

菅原智大さん

アメ細工のみりょくにひきつけられて

ケーキをかざる（デコレートする）技術には、アメやチョコレート、マジパン（※）、シュガーを使った細工などがあります。そのなかでも、菅原さんが得意とするのは、アメ細工です。

アメ細工は、国際的な製菓のコンクールでも高い技術がもとめられる重要な部門になっています。

菅原さんは、製菓専門学校で学びながらケーキ店でアルバイトをしていたとき、その店のパティシエのアメ細工をみて、たちまち、みりょうされてしまいました。それがきっかけで、みようみまねで必死に練習をくりかえしましたが、熱いアメをあつかうため手をやけどし、水ぶくれができることもありました。しかし、練習をかさねるうちに、しだいに技術を身につけることができました。

菅原さんは、3か月に一度、製菓専門学校の外部講師としてアメ細工を教えています。写真のアメ細工は授業のためにつくったもの。

※スペイン語のマサパンを語源とする日本でのよび名。さとうとアーモンドの粉をねりあわせて、シロップをくわえたもので、ねん土のようにさまざまなかたちをつくることができる。

アメ細工の世界について知る

菅原さんは、アメ細工をじょうずに仕あげるため、つぎのような基本に注意をはらいながら作業をしています。

1 アメ細工には3つの種類がある

ながしアメ

煮つめて液体になったアメをいろいろな型にながしこんでかためます。こうしてできた透明感のあるアメは、おもにアメ細工のお菓子の土台や芯に使われます。

菅原さんは、「作業自体はむずかしくありませんが、アメ細工を型からはずすときに割れたり、かけたりしやすいので、細心の注意が必要」といいます。

右は、ながしアメを型からはずしたところ。左は、型を工夫してつくったガラスのくつのようなアメ細工。

ふきアメでつくったフルーツのかざり。

ふきアメ

アメのかたまりのなかに手動のポンプで空気をふきこみ、アメを風船のようにふくらませて玉や動物など、いろいろなかたちをつくります。

菅原さんは、「アメの熱い部分はよくふくらみ、冷たい部分はかたいのであまりふくらみません。そのため、温度に注意しながら、アメが均一にふくらむよう、手でアメをのばしたり、おさえたりして調整します」と教えてくれました。

ひきアメ

つくったばかりのまだ熱いアメを、やわらかいうちに手でひきのばしたり、折りたたむ作業をくりかえします。こうしてアメのなかに空気がふくまれることにより、透明だったアメは白くなり、やがてキラキラとかがやくような光沢がうまれます。

菅原さんは、温度の変化に注意しながら、ちょうどよいにごりぐあいになるよう、一気に作業をすすめます。時間がかかりすぎるとアメのかがやきがうしなわれたり、割れたりしてしまうからです。

ひきアメでつくった花やリボンのかざり。

これがアメ細工だ！

アメ細工は、中世ヨーロッパのルネッサンス（※1）の時代にはじまったといわれています。当時は、食卓をかざるお菓子として貴族のあいだで愛されていました。その後、世界中に広まり、日本にも技術が伝えられました。現在は、結婚式やパーティなどで利用されるケーキをかざっています。また、製菓コンクールでは、アメ細工の部門がもうけられていることが多く、パティシエの実力がためされるのです。

チョウもランプのカサも、すべてアメ細工でつくられています。

※1）14世紀にイタリアでおきた文化・芸術運動。

2 アメ細工で使う材料と道具や設備

（アメ）

さとうに少しの水をくわえ、約170度の熱で煮つめてアメをつくります。細工するかたちによって、煮つめる温度をかえたり、水アメやレモンジュースなどをくわえたりすることがあります。

（アメランプ）

かたくなったアメをあたため、やわらかくするための道具。アメをランプの下において、ランプの熱でやわらかくしてのばし、使う分だけはさみでカットします。

（調湿室）

アメを細工するためには、湿度が40パーセント以上にならないようにしなければなりません。湿度が高くなると、アメがとけてしまい、色もかわってしまうからです。そのため、アメ細工をする作業場には、湿度を適切に調節するための空間がもうけられます。これが、調湿室です。

（除湿剤）

完成したアメ細工の作品は、プラスチックのはこに入れて保管します。はこのなかには、湿気をとるためにたくさんの除湿剤が入れられます。

（型）

アメ細工ではさまざまな型が使われますが、菅原さんは、「オリジナリティのあるアメ細工をつくるためには、型にもオリジナリティがもとめられます」といいます。そこで菅原さんは、売られている型だけでなく、自分で型をつくることもあります。

たとえば、自分で描いたチョウの絵をプラスチックの板に写し、彫刻刀でけずったものや、石こうや木を彫刻刀でけずり、シリコーンゴム（※2）などをながしこんで型をとったものなどがあります。

※2）合成樹脂の一種。

アメ細工を使った新作ケーキをつくる

「ラ ピエスモンテ」では、8月にはその年のクリスマスケーキのデザインを決めます。2015年は、菅原さんがアジアチャンピオンになったアントルメ（ホールケーキ）の作品をアレンジしたものをつくりました。そして、2016年のクリスマスには、「宝石」と名づけられたアメ細工の器に入ったケーキを考案しました。

●デザインを考える。

ケーキのデザイン画に、使用する材料を書きこんでいきます。

●アメ細工の器をつくる。

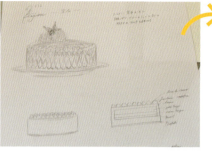

大小のおさら、柱、ふた、花のかざりなどをつくり、バーナーで熱したアメで接着します。

●ケーキをつくる。

●ケーキを器にもりつける。

ケーキを器にもりつけ、ふたをすれば完成です。購入したお客には、この状態でプラスチックのはこに入れて手わたされます。

完成!!

サクサクしたクランチ（ナッツやクッキーなどをくだいたもの）に、ふわふわした食感の紅茶のムース、ラズベリーのジュレなどをかさねたケーキをつくり、食紅をスプレーして色をつけます。そして、ラズベリーの内側にラズベリージャムをつめ、フルーツの表面がわからないようパナージュとよばれるゼリーでコーティングし、ケーキの上にならべます。最後に、くだいたピスタチオをふりかけます。

より高い製菓の技術とデザインセンスを得るために

パティシエとしての実力を広くみとめてもらうことができる場が、製菓コンクールです。菅原さんは、アジア各国を代表するパティシエがうでをきそう大会でみごと優勝しました。菅原さんは、これに満足することなく、さらに自分の技術とデザインセンスを高めるため、これからも世界大会への挑戦をつづけていきたいといいます。

アジア最大の製菓コンクール

アジア最大のパティシエ・コンクール「トップ・オブ・パティシエ・イン・アジア」は、2年に1回開かれます。2013年にはじまったばかりの、まだあたらしいコンクールで、アジアでナンバー・ワンのパティシエを決める大会です。2015年の大会には、アジアの7か国から、各国を代表する各1名のパティシエが出場しました。

7か国のパティシエが、観客がみまもるなか、それぞれのブースで作品づくりをします。

幸運がうんだチャンピオンへの道

菅原さんは、2015年の第2回大会でみごと優勝しました。アジア大会にでられるのは、日本の国内予選で優勝した人のみです。菅原さんは日本大会で準優勝でしたが、優勝者が出場を辞退したため、くりあげで出場することになりました。この幸運をいかし、自分の力を最大限にはっきして優勝を勝ちとったのです。

優勝して表彰される菅原さん。

2日間をひとりでたたかうコンテスト

第2回「トップ・オブ・パティシエ・イン・アジア」は、2015年9月28・29日の2日間にわたっておこなわれました。製菓コンクールでは、チームをくんで出場する大会が多いことで知られています。でも、この大会は2日間にわたり、ひとりですべての課題をこなさなければならないのが特徴です。

●競技の内容
①チョコレートのピエスモンテ（ディスプレイ用に装飾したお菓子のこと）と、2種類のボンボン・ショコラ（果汁やお酒をチョコレートでつつんだお菓子）
②アメのピエスモンテとアントルメ（ホールケーキのこと）
1日目は①を、2日目は②を、それぞれ午前8時から午後3時までの時間制限で完成させました。

材料や型などの道具のもちこみはできますが、着色・模様づけ・かたちをつくる作業などはすべて、当日、時間内におこなわなければなりません。

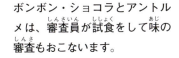

ボンボン・ショコラとアントルメは、審査員が試食をして味の審査もおこないます。

「アンティーク」をテーマにした菅原さんの作品。左のアメ細工は、ステンドグラスのランプのカサとチョウがうつくしく、右のチョコレートは、大きく羽根を広げた鳥や時計の精巧なつくりが印象的です。

ケーキデザイナーの仕事 ❷

ケーキ専門店は、地域の人たちに愛されながら、おいしいケーキを提供しています。そんなお店でかつやくする伊藤文明さんの仕事ぶりをみていきましょう。

ケーキ専門店でかつやくするパティシエ
おいしさとうつくしさで笑顔をうみだすケーキデザイナー

のぞいてみよう！ ケーキのできるまで

パティシエは、季節のくだものを利用したり、お客の要望にこたえて、いつもあたらしいケーキを創造する努力をおこたりません。東京で自分のケーキ専門店をもつ伊藤文明さんも、そのひとりです。

伊藤さんは、つねに新作のケーキづくりを心がけ、最近は「サントノーレ　カフェ」（写真右上）というあたらしいケーキを創造しました。

サントノーレは、フランスで1840年ごろに創造された伝統のケーキです。小さなシュークリームに、さとうを加熱してつくるカラメルをぬり、生地のふちをかざりつけます。その中央にたっぷりのクリームをのせたケーキです。

あたらしいケーキのデザインとレシピ（つくり方の手順）を考える伊藤さん。上は、事前につくっておいたシュー生地やクリーム、カラメルなど。下は、デザイン画とレシピ。

レシピには、つくる手順や材料が書きこまれているので、スタッフに指示すれば、だれでもおなじものをつくることができます。

前日に焼いておいたシュー生地でつくるプチ・シューと、土台になる大きめのシューに、カスタードクリーム（※1）をつめます。

※1）牛乳、卵黄、さとう、小麦粉、バターを煮あげたクリームのこと。

カラメル（※2）をつくり、カスタードクリームをつめたプチ・シューにつけていきます。さらに、土台となる大きなシューにもカラメルをつけたら、その上に3つのプチ・シューをおきます。

※2）さとうを加熱し、茶かっ色になってかおりがでたら、湯を少量くわえてとかしてつくる。

土台のシューと、その上においたプチ・シューにカフェクリーム（※3）をしぼり、くだいたアーモンドをふりかけます。

店の名前が入ったリボンをかざると、できあがり。完成したケーキは、店のショーケースにならべます。

※3）コーヒーをくわえた生クリーム。

地域に密着したケーキ専門店をめざして

伊藤さんのケーキ店「パティスリー　メゾンドゥース」は、東京の郊外、八王子市の南大沢というところで2013年にオープンしました。店のまわりは住宅街で、しずかな環境のなかにあります。

メゾンドゥースのお客は、地元に住んでいる人たちが中心です。伊藤さんがコンテストで残した実績と、お客の口コミでケーキの評判が広まり、多くの人たちが店をおとずれています。

こうして、「パティスリー　メゾンドゥース」は、いま、地域にしっかりと根をおろして人気のケーキ専門店に育ってきました。

ケーキづくりは経験による責任担当制

メゾンドゥースでは、2年目のスタッフが焼き菓子、4〜5年目のスタッフがホールケーキをそれぞれ担当してつくります。伊藤さんは、全体のながれをみながら、生ケーキを担当しています。

スタッフが作業する場所の前面はまどガラスになっていて、店にやってくるお客やレジをすませてケーキをうけとるお客のようすがみえるようになっています。これは、「お客の反応をじかにみていたいから、自分の店を開いた」という、伊藤さんの熱い思いからつくられたものです。

お客が店にやってくると「いらっしゃいませ」、お客がケーキを買って店をでていくときには、伊藤さんをはじめスタッフ全員が大きな声で「ありがとうございます」とあいさつします。

伊藤文明さん

メゾンドゥースの外観と店さきのようす。

むかって左はしが生ケーキ、中央がホールケーキ、右はしが焼き菓子というように、担当エリアがわかれています。

ホールケーキのエリアでは、店にならべる商品のほか、注文のバースデーケーキなどをつくります。

焼き菓子のエリアでは、ふたつのオーブンを使いながら、クッキーやマドレーヌなどを焼いていきます。

生ケーキのエリアでは、ショートケーキやモンブランなど1人前のサイズのケーキをつくります。

午前中の作業

朝6時すぎになると、製菓スタッフが店にやってきます。スタッフは、それぞれの作業を担当する場所について、午前中はその日に店で売るケーキをつくります。伊藤さんのケーキづくりを中心にみてみましょう。

伊藤さんの仕事〈例〉

その日、伊藤さんが手がけた生ケーキのひとつは、フランボワジェといいます。このケーキは、木いちご（フランボワーズ）を使ったフランスの古典的なケーキです。アーモンドの粉をまぜた生地で木いちごとバニラのバタークリームをはさんだものに、粉ざとう（パウダーシュガー）をふりかけます。カットした木いちごをかざれば、できあがりです。

伊藤さんは、ホテルやレストラン、ケーキ専門店で修業したあと、2006年には製菓技術を習得するためフランスにわたりました。そのあいだ、小さな大会でしたが、パティシエのコンクールで優勝しました。
帰国後は、有名なスペイン料理レストランのパティシエとしてかつやくし、2008年には「ルクサンド・グラン・プレミオ（※1）」で優勝しました。さらに、2012年には、「ガレット・デ・ロワコンテスト（※2）」の国内大会で日本チャンピオンになり、2年後にパリで開かれた世界大会で日本人最高位にかがやきました。

ケーキ専門店の1日の仕事のながれ

- 6時～9時　その日にお店で売るケーキをつくる
- 9時～　20分ほどかけて店内の掃除
- 10時　お店が開く。製菓スタッフは、つぎの日に売るケーキの仕こみをする
- 12時～　スタッフは順番に昼食をとる
- 13時～　その日にお店で売るケーキの追加分をつくったり、仕こみのつづきをする
- 19時～　お店が閉まる。厨房の掃除と、よく日の仕事の内容をチェックする

ロールケーキをつくる

グレープのジュレ（ゼリー菓子）をつくる

プリンをつくる

イチゴのショートケーキをつくる

ミルフィーユ（パイ生地にクリームをはさんだお菓子）をつくる

※1）イタリアの洋酒を使った洋菓子コンクール。
※2）新年を祝うフランスのお菓子をつくるコンテスト。

開店の準備〜開店

　朝のケーキづくりが一段落すると、完成したケーキは店のショーケースにならべられます。
　開店時間までに店内や外を掃除して、看板やのぼりをだします。でも、地域に密着したケーキ店では、ようすをよく知っているお客が開店時間の前からやってくるのもめずらしくないことです。販売スタッフがまだいないので、伊藤さんがお客の応対をします。
　朝10時になると販売スタッフがそろい、店が開店します。

午後の作業

　製菓スタッフは昼食をはさんで午後も、その日に売るケーキをつくりながら、よく日に売るケーキの仕こみをします。なかには、午前中で売り切れてしまうケーキもでてくるので、そのケーキは追加でつくります。
　仕こみでは、スポンジケーキやシュー生地などを焼いたり、ケーキの上にのせるチョコレートのかざりなどをつくります。よく朝に、これらの仕こんでおいた材料を使ってすばやくケーキが完成するよう、あらゆる準備をしておきます。
　なかには、冷凍庫などで保管し、ひと晩ねかせたほうがおいしくなるケーキもあります。そのため、ケーキの仕あげ作業よりも、仕こみ作業のほうが作業量は多くなります。

パティシエが使いこなす道具

パティシエは、自分の考えたケーキのデザインをかたちにするために、
製菓の機器や道具をたくみに使いこなします。
ここで紹介するのは、パティシエの伊藤さんが愛用しているものです。

ケーキづくりの機器

大型のミキサーは、先端の部分をとりかえることでスポンジなどさまざまな生地をつくったり、卵白をあわだてる（ホイップする）こともできます。さらに、ホイップクリームをつくるホイップマシーンもあります。これらの機器は、一度に多くのケーキをつくるときにかつやくします。

オーブンは、ふんわりと焼きあげるデッキオーブンと、熱風をまわして乾燥焼きができるコンベクションオーブンを使います。また、パイ生地をうすくのばすためのパイローラー、大型の冷蔵庫や、マイナス40度で一気に凍らせることができる冷凍庫なども、ケーキ店にかかせない機器です。

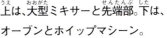
上は、大型ミキサーと先端部。下は、オーブンとホイップマシーン。

ケーキづくりの道具

道具類は、毎日きちんと手入れをし、目的にあわせてすぐ使えるよう整理されておかれています。

❶**ゴムべら**…素材をまぜあわせたり、クリームやソースをすくったりします。

❷**パレットナイフ**…ケーキの表面にクリームをぬったり、生地をたいらにするために使います。

❸**ホイッパー**…生クリームをまぜてホイップクリームをつくったり、素材をまぜあわせるのに使います。

❹**口金**…しぼり袋の先につけて、なかに入れたクリームやクッキーの生地などをしぼりだすときに使います。デコレーションによって、いろいろなかたちを使いわけます。

❺**製菓包丁**…フルーツをカットする小さなナイフから、パイ生地をきれいにカットできるよう刃がギザギザ（波刃）になったものまであります。

ケーキデザイナーの仕事 ❸

アートなデコレーションの楽しさを伝える

みた人に深い印象をあたえて、強いメッセージを送る個性ゆたかなケーキ。このケーキのデコレーションを創作する「ケーキデコレーター」というあたらしい仕事をリードして、たくさんの人たちに広めるケーキデザイナーがいます。

アメリカうまれのケーキデコレーター

ケーキデコレーター、という名前を聞いたことはありますか。まだ、聞きなれないかもしれませんが、いま、世界の国ぐにで人気が高まりつつある、ケーキづくりにかかわるあたらしい職業です。

パティシエの技術が、フランスを中心にヨーロッパから世界に広まったのに対して、ケーキデコレーターの技術は、アメリカでうまれたものです。

ケーキデコレーターがつくるケーキは、アメリカンデコレーションケーキとよばれ、そのもとになっているのはイギリスでうまれたシュガークラフトといわれています。

ケーキデコレーターがつくるケーキ

パティシエもケーキデコレーターも、デコレーションケーキを手がけます。デコレーションケーキとは、はなやかにかざりつけたホールケーキ（切りわける前の大きなケーキ）のことをさします。

パティシエがケーキの100パーセントを創造するのに対して、ケーキデコレーターは、基本的に、ホールケーキの土台となるスポンジケーキの部分をつくりません。そのため、土台をつくる時間をデコレーションにかけることができるのです。

ケーキデコレーターは、ケーキ店やケーキのメーカーに、スポンジケーキの部分をつくってもらいます。また、撮影用や展示用など、つくったあと長い時間にわたり保存する必要があるケーキをつくるときは、スポンジケーキのかわりに発泡スチロールの土台を使うこともあります。

このように、ケーキデコレーターは、あくまでもケーキの表面に、うつくしいデコレーションをほどこすアーティストといえます。

ケーキデコレーター **西村 緑**さん
（日本ケーキデコレーション協会・代表理事）

ケーキデコレーターがめざすデコレーションのかたち

　デコレーションケーキには、誕生日や結婚式を祝うメッセージがこめられています。ケーキデコレーターは、より強いメッセージを伝えるために、ケーキの表面にデコレーションをほどこします。それは、シュガークラフトが表現するアートの世界そのものです。

　シュガークラフトでは、アイシングクリーム（※1）やシュガーペースト（※2）という材料が使われます。ケーキデコレーターもおなじ材料を使いますが、ほかにも、アメ細工やチョコレート細工、ときにはフードプリンター（※3）を使って印刷した写真をケーキの上にはりつけるなど、さまざまな技法を使いこなしながらデコレーションしていきます。

※1）アイシングクリームとは、粉ざとうと卵白、水をまぜあわせたもので、しぼり袋に入れ、口金を使いわけながらさまざまなかたちにしぼりだします。かわくと、さとう菓子のようにかたまります。
※2）シュガーペーストとは、さとうと卵白に、水アメやゼラチンなどのねん性のある材料をくわえてねったもの。ねん土のように、さまざまな細工ができます。フォンダンともよびます。
※3）食べられる紙に、食べられるインクで写真を印刷できるプリンター。

アイシングクリームでデコレーションし、シュガーペースト（フォンダン）でつくったハートや星、数字をかざったケーキ。

チョコレート菓子やアメ細工、フォンダンでカバーしたケーキに食用の着色料をスプレーしてもようを描くなど、さまざまな技法が使われています。

シュガークラフトとは

　シュガーは、さとう。クラフトは、工芸品の意味です。さとうをかためて手づくりした工芸品がシュガークラフトです。
　シュガークラフトは、12世紀ごろにイギリスでうまれました。貴族のあいだでは、高価だったさとうを利用して、手焼きのクッキーやカップケーキの上をシュガークラフトでかざり、お客をもてなしたのがはじまりといわれています。
　そして、19世紀になると、ケーキをシュガークラフトでかざるシュガーケーキが誕生しました。その技術がアメリカに伝えられてさまざまに発展し、ケーキデコレーターがかつやくするようになったのです。

シュガークラフトでつくられたバラや人形。

ケーキデコレーターの世界を広める

日本でかつやくしているケーキデコレーターは、日本ケーキデコレーション協会の公認をうけた人たちです。この協会の代表をつとめる西村緑さんは、アメリカに本部がある国際ケーキエクスプロレーション協会の日本代表です。日本ではじめて、アメリカンデコレーションケーキの専門店「マジックケーキデコ」を開き、お客のオーダー（注文）に応じてアメリカンデコレーションケーキをつくるケーキデザイナーとしてもかつやくしています。

西村さんが手がけるケーキのデコレーションは、オリジナリティにあふれ、ほかにはおなじものがない「一点もの」として高い評価を得ています。

ケーキデコレーターは、あたらしい職業です。そこで、より多くの人たちに仕事について知ってもらうための努力がはらわれています。西村さんは、先頭にたって、講座や教室を開いたり、出張レッスンをおこなっています。

公認ケーキデコレーターの養成講座

養成講座は、定期的におこなわれます。協会の公認をうける人たちは、お菓子づくりをしたことがないという人から、お菓子づくりがしゅみの人、プロとしてかつやくするパティシエやシュガーアーティストまで、さまざまです。

講座では、テキストにそって講義をうけたあと、実習がおこなわれます。こうして講習をうけて認定されると、公認ケーキデコレーターとしてかつやくできます（講座についてくわしくは37ページ参照）。

養成講座の実習（一例） 発泡スチロールの土台をフォンダンでデコレーション

1 講義をうける

最初に30分間ほど、テキストをみながら講義をうけます。フォンダン（シュガーペースト）などの材料や道具、技法についてよく理解をしたあと、実習に入ります。

2 フォンダンに色をつけてのばす

フォンダンに食用の着色料をくわえてねりあわせると、色つきのフォンダンが完成します。色がついたフォンダンを、めん棒でうすくのばします。

3 ケーキボードにフォンダンをかぶせる

今回は、発泡スチロールでできたケーキと、ケーキをおく台（ケーキボード）を使います。まずは、ケーキボードにフォンダンをはりつけてカバーし、ふちにリボンをかざります。

高等学校で出張レッスンする

日本ケーキデコレーション協会の認定講師は全国各地にいて、自分の教室やカルチャー教室などで講座をおこなっています。そのほか、学校や企業などから依頼があれば、認定講師を派けんして出張レッスンもおこないます。写真は、西村さんが高等学校によばれ、高校生にケーキデコレーターという仕事のみりょくを教えたときのようすです。

写真協力／13歳のハローワーク公式サイト（http://www.13hw.com/）

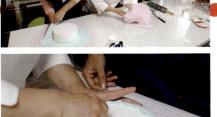

4 ダミーのケーキにフォンダンをカバーする

おなじように、水などを接着剤にして発泡スチロールのケーキにフォンダンをはりつけてカバーします。

5 かざりの花をつくる

型ぬきを使って小さな花をつくったり、フォンダンのかたまりを少しずつのばしてバラの花をつくります。つくったかざりは、スポンジの上などにしばらくおいておくとかたまります。

6 ケーキに花をかざる

つくったかざりを自由にケーキにデコレーションすれば完成です。

完成!!

展示会で実演する

ケーキデコレーションで使用する道具メーカーの依頼をうけて、展示会で実演をすることもあります。

製菓・パンの材料・道具を紹介する展示会で、依頼をうけた道具メーカーのブースで実演をおこないます。このときは、日本ケーキデコレーション協会の認定講師である佐藤廣乃（※）さんと西村さんの２名ででかけました。

つぎに西村さんが、型を使ったフォンダンの仮面づくりを実演します。まず、仮面の型にそってフォンダンを切りとり、食用の着色料をスプレーして色をつけます。完成した仮面をおく型にしばらくおいておくと、立体感のあるかたちにかたまります。

まずは、佐藤さんが、フォンダンとさまざまな型を使って、本ものそっくりのユリの花などをつくるようすを実演します。

撮影やイベントのためにデコレーションする

ケーキデコレーターは、いっぱんの人からの注文のほか、雑誌社やテレビ局、広告代理店などからの撮影用ケーキの依頼や、企業や店からイベントやパーティ、展示用のケーキをオーダーされることもあります。

これらのケーキでは、雑誌やテレビ番組の企画の内容にあわせてつくったり、企業のロゴ（マーク）を入れたりといった、さまざまな要望をデコレーションで表現していきます。

輸入生活雑貨店「PLAZA」の50周年を記念した社内報の撮影用につくったケーキ。ストアロゴの「P」をかたどったすべて食べられる１メートル以上もある大きなケーキで、部分的につくって会場にもちこみ、会場で仕あげ作業をしました。

CM発表会のイベントで、キャラクターをつとめたタレントの誕生日ケーキを依頼されてつくったもの。キャラクターをフォンダンでつくり、はなやかにデコレーション。

※佐藤廣乃さん…日本や海外の有名なシュガークラフトアーティストから技術を学び、現在は、自身のシュガークラフト教室のほか、製菓専門学校でシュガークラフト講師をつとめたり、日本ケーキデコレーション協会認定講師としてもかつやくする。

お客の希望にこたえるケーキデコレーター

ケーキデザイナーの仕事 ❹

いっぱんのお客の注文から、雑誌やテレビ番組の小道具、そして、イベント会場や結婚式場などの展示までさまざまな分野からのオーダーにこたえてケーキのデコレーションを創造しているケーキデコレーターの仕事ぶりをみてみましょう。

花やくつがかざられたかわいらしい2段ケーキと、人気マンガのキャラクターを描いたケーキ。そのほか、ロリポップとよばれる棒にさしたひと口サイズのケーキをデコレーションしたもの、シュガークラフトではなやかにかざったカップケーキまで、お客の要望に応じてさまざまなケーキを創造します。

manatoさん

お客のよろこぶようすに心動かされて

ケーキデコレーターのmanatoさんは、音楽の学校で学んだあとダンサーとしてかつやくした経歴をもっています。manatoという名前は、ダンサー時代のなごりです。

その後、西村緑さん（24ページ〜）とであい、西村さんが開くアメリカンデコレーションケーキ専門店「マジックケーキデコ」で、ケーキデコレーターの仕事を手伝うようになりました。もともと、絵を描いたり工作することが好きだったというmanatoさんが手がけるケーキのデコレーションは、お客にも好評でした。そんなお客のよろこぶすがたをみているうち、manatoさんは、ケーキデコレーターがとてもみりょくにあふれた仕事だと感じるようになりました。そして、本格的にケーキのデコレーションをつくる仕事にたずさわろうと決意をしました。

お客の注文に応じて創造するケーキのデコレーション

ケーキデコレーターにケーキをオーダーするお客は、誕生日をはじめとするいろいろな記念日にあわせて、お祝いの贈りもの用ケーキを注文してきます。

ケーキデコレーターが手がけるデコレーションの土台になるケーキは、材料とかたちはいろいろありますが、ホールケーキが基本です。

スポンジケーキにリボンをかざる

贈りもの用のケーキのデコレーションの代表的なものに、スポンジケーキにかざりつけた大きなリボンのデコレーションがあります。

土台になるスポンジケーキは、近所でケーキ店をいとなむパティシエにつくってもらっています。スポンジケーキのほかに、ドライフルーツをくわえてかために焼きあげたフルーツケーキなどが使われることもあります。

ケーキデコレーターの多くは、土台のケーキを外部に注文しているといいますが、これは、デコレーションの作業に集中するためです。

ホイップマシンを使って、アイシングクリーム（25ページ参照）をつくります。アイシングクリームは、時間がたつと表面がかたまり、さわっても手につきませんが、食べたときはなめらかな食感です。生クリームは温度が高くなるととけやすくなりますが、アイシングクリームはとけにくいのがとくちょうです。

スポンジケーキを半分に切り、あいだにアイシングクリームをはさみます。ピンク色のクリームは、生クリームに裏ごしラズベリージャムをくわえた特製クリームです。

クリームをはさんだケーキの表面にアイシングクリームをぬり、2段にかさねます。

つぎに、リボンのかざりをつくります。フォンダン（25ページ参照）という材料に食用の着色料をくわえて色をつけ、うすくひきのばしてから、5連のピザ・パイカッターでおなじサイズにカットします。

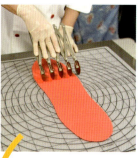

上にかざる大きなリボンは、かたまるまで時間がかかるため、前日につくっておきます。リボンのふくらみをたもつために、ティッシュペーパーを丸めてつめておきます。

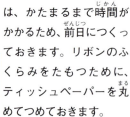

カットしたリボンをケーキの上にかざったら、ふちにアイシングクリームをしぼってかざり、さらに赤色に着色したアイシングクリームをハートのかたちにしぼっていきます。

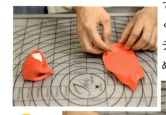
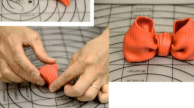

フォンダンをうすくのばし、接着用のショートニングをぬった発砲スチロールにかぶせます。

フォンダンでつつんだケーキに、食用の着色料をスプレーし、色をつけていきます。今回は、土の色を表現するために、茶色の着色料を使いました。

ようじを支柱にして胴体と頭をつなげ、目や耳をつけていきます。

つぎに、ケーキの上にかざる動物をつくります。フォンダンを使い、足や手、頭などの部分をつくり、水や食品用のアルコールで接着します。

ケーキの上に、つくった動物やほね、リンゴなどをかざれば、庭で遊ぶ動物たちをイメージしたケーキが完成。

完成!!

フォンダン使うと、いいことがあり、スチロールで、このようなケーキ、雑誌やテレビ番組

リボンのたれた部分をつくり、いちばん上にリボンをかざれば完成です。

完成!!

ケーキデコレーターがよく使う道具

ケーキデコレーターは、お客の要望にあわせて、
さまざまな道具を使いこなしながら、たくみにケーキのデコレーションを仕あげていきます。
おもな道具には、つぎのようなものがあります。

しぼり袋といろいろな口金

ケーキをかざるアイシングクリーム（25ページ参照）をしぼり袋に入れ、いろいろなかたちの口金を使ってデコレーションをしていきます。

いろいろな型

フォンダン（25ページ参照）という、さとうを原料としたねん土のような材料をうすくのばし、花や星、アルファベットなどいろいろな型でぬいて、ケーキにかざります。

フォンダンツール

先端がさまざまなかたちをしたツール類は、フォンダンをカットしたり、もようをつけたりするときに使います。また、こまかな作業をするときには、キリやピンセットなども使います。ふでは、フォンダンでつくったかざりをくっつけるとき、接着剤がわりの水やショートニング（食用油脂）をぬるときに使います。

食用の着色料とスプレー

電動のスプレーに着色料をセットし、フォンダンに色をつけるときに使います。

ケーキスムーサー

発砲スチロールのダミーに、うすくのばしたフォンダンをはりつけるとき、空気のすきまやしわができないようにするために使います。

おいしさとうつくしさで笑顔をうみだすケーキデザイナー

ケーキデザイナーの気になるQ&A

ケーキデザイナーを
めざそうと思ったとき
気になることがあれば
おこたえします。

いくつか質問が
ありま～す。
教えてちょうだい。

ようし、ぼくも
質問するぞ～。

Q1 ケーキデザイナーになるための進路
ケーキデザイナーとしてかつやくしている人たちは、どのような進路をたどってプロになったのですか？

★下の図は、パティシエの場合の基本的なながれです。ケーキデコレーターの場合は、おもにプロのひらく教室やプロのアシスタントをしながら仕事の基本を身につけるので下のようなながれはあてはまりません。

A 厚生労働大臣が認可した専門の養成施設で学ぶことがもとめられます。プロとしてかつやくするための進路は、図のようになっています。

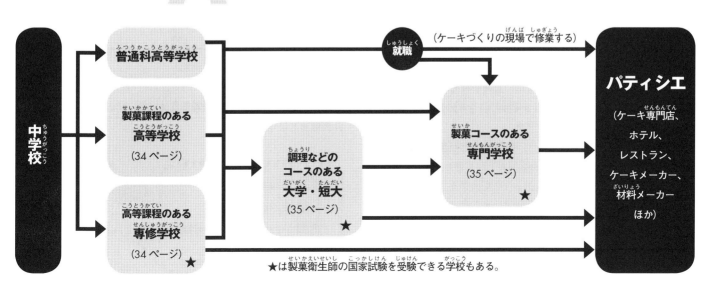

★は製菓衛生師の国家試験を受験できる学校もある。

Q2 ケーキデザイナーをめざして学ぶこと
ケーキデザイナーをめざすには、どのようなところで、どのようなことを学べばいいのですか、教えてください。

A 製菓について学ぶことができる、専門の教育施設があります。これらの施設では、洋菓子をつくる技術や知識、衛生にかかわることなどを学ぶことができます。

専門の教育施設とは…

製菓にかかわる教育施設には、まず、中学校を卒業したあと進学できる高等学校や、高等課程のある専修学校があります。そして、高等学校を卒業したあと進学できる専門学校、大学・短大があります。専門学校は、大学・短大で学ぶ人や社会でかつやくする人も、受験して合格すれば入学できます。

これらの教育施設のなかには、1年間学ぶと製菓衛生師の国家試験を受験する資格が得られる製菓衛生師の養成施設があります。専門の養成施設では、昼間部、夜間部、通信教育部がもうけられています。

> 通信教育では、お菓子づくりにかかわる資格をとるための勉強が中心となります。

高等学校で学ぶ（例）

高等学校は、基本的に3年制で、普通科、専門の分野を中心に学ぶ専門学科、さらに、普通教育と専門教育をあわせて学ぶ総合学科があります。

このうち、専門学科には、食物科、調理科、家庭科などのコースがあります。また、総合学科には、食文化、調理などのコースがあります。

さらに、製菓の名称がついたコースのある高校は、全国に6校あります。そのほか、調理系のコースがもうけられている高校でも、調理コースのなかで製菓について学ぶところがあります。

以下は、カリキュラムの例です。

1年次から3年次にわたり、いっぱんの教科をはじめ、食品衛生や公衆衛生の知識と実習、栄養や食品についての知識、製菓の理論と実習などを学びます。

専修学校で学ぶ（例）

専修学校には、中学を卒業した人を対象にした高等課程（高等専修学校という）と、高等学校を卒業した人を対象とした専門課程（専門学校という）、そして、社会人を対象にしたいっぱん課程という3つの課程があります。高等課程では、工業や農業など8つの専門分野のなかに、家庭生活にかかわる家政という分野があり、調理・製菓について学ぶことができるのです。

高等課程（3年制）を卒業すると、高等学校の卒業と同等の資格を得ることができて、専門学校への進学が可能になります。さらに、指定された学校なら大学・短大への進学も可能です。

製菓コースの例では、1年次に洋菓子・和菓子づくりとパンづくりなどの基本を総合的に学びます。2年次には、洋菓子と和菓子のコースにわかれて、より専門的な学習をうけます。そして、3年では、より専門的な実習を中心に洋菓子づくりを学習します。

> 専門学科では、普通教科のほか、実習がおこなわれるのが大きな特ちょうです。

> 大学や短大では、お菓子を栄養の面から深く考える学習があるのね。

大学・短大で学ぶ（例）

高等学校を卒業して進学できる大学と短大には、栄養学などを高度で専門的に学ぶことができる学部をもうけているところがあります。大学の場合は、おもに4年制の女子大学になります。食文化や栄養学などの学部がもうけられています。総合的に食の世界について学び、卒業後は食品関連の分野でかつやくします。おもに、食品会社に就職したり、栄養士や料理研究家として、お菓子にかかわることになります。

短大では、栄養学や衛生学など食の全ぱんについて学びながら、そのなかでお菓子づくりの知識と技術を学びます。製菓実習は、現役のパティシエの指導をうけたり、ケーキづくりの現場で体験したりと、プロへの進路を意識した学習があります。また、国家資格を取得するための指導も充実しています。

専門学校で学ぶ（例）

プロのパティシエをめざすとき、もっとも直接的な学習ができるのは専門学校といわれています。栄養、調理、菓子などの名称がついた専門学校は、全国に100校ほどあります。

ほとんどの場合は2年制で、なかには3年制の学校もあります。いずれの場合も、プロの指導をふくめた実習を中心にカリキュラムがくまれています。学校によっては、和菓子と洋菓子の全ぱんについて技術と知識を学ぶコースや、洋菓子専門のコースがもうけられています。

1年次には、基礎的な技術と知識の学習が中心になります。たとえば、食品衛生学、公衆衛生学、製菓実習（和菓子、洋菓子）、栄養学、食品学などの基本を学びます。2年次には、より専門的な技術と知識を身につけていきます。さらに、洋菓子コースでは、オリジナルのケーキづくりやアメ細工、チョコレート細工など、特別な技術を学んでいきます。

そして、専門的な技術と知識を学びながら、国家試験の受験対策の時間がたっぷりともうけられています。

> 授業では、現場でかつやくしているプロが、先生として教えてくれるところが多いよ。

ある専門学校の洋菓子コース（2年制）カリキュラム（例）

1学年
- 講義：食品衛生学（食品にかかわる法律）、食品学、公衆衛生学、衛生法規、製菓理論、栄養学
- 実習：洋菓子実習、和菓子実習、パン実習

2学年
- 講義：製菓理論、商品開発について、ラッピングディスプレイ、基礎原料学、開店シミュレーション、フランス語、カラーコーディネート、造形デザイン、店舗デザイン、OA（パソコン操作、データ作成、通信技術など）、シュガークラフト（さとうを使ってつくる手工芸品）
- 実習：洋菓子実習

Q3 ケーキデザイナーにもとめられる資格
ケーキデザイナーには、高い技術力と知識が必要ですが、なにか特別な資格が必要ですか？

A ケーキづくりにたずさわるとき、まもらなければいけない衛生にかかわる資格や、必要な技術にかかわる資格があります。

ケーキづくりでは、衛生面に気をつけることがたいせつです。

そのためには、どんな資格をもつといいのかしら？

製菓衛生師の資格

人びとがお菓子を店で食べたり買ったりするとき、お菓子は安心・安全なものと考えています。お菓子づくりにたずさわる人は、お菓子をもとめる人たちに対して衛生面や技術面で問題がないことを伝えて、みんなの信頼にこたえる必要があります。このとき、安心・安全をかたちにして証明してくれるのが製菓衛生師という資格です。厚生労働省の資料（2016年7月現在）によると、製菓衛生師の養成施設は全国に134か所あります。

製菓衛生師の資格は、国家試験を受験して合格したあと、全国の都道府県の知事からみとめられて取得できます。

〈受験資格〉
専修学校、専門学校、高等学校、短大など専門の養成施設で1年以上にわたり製菓衛生師に必要な知識と技術を学んだ人。中学校の卒業資格をもち、製菓の仕事を2年以上つとめた人。

〈試験内容〉
書類審査と筆記試験がおこなわれます。筆記試験では、衛生にかかわる法律、公衆衛生学、栄養学、食品学、商品衛生学、製菓理論と実技など6科目について60問が出題されます。

国家資格とは…

国家資格は、国の法律でさだめられた資格です。国家資格では、ひとつの仕事について、国家試験をとおして必要な技術と知識が一定の水準にたっしているかどうかが判定されます。国家試験に合格すると、国家資格を取得することができます。

菓子製造技能士の資格

技能検定は、120をこえる職業についておこなわれる検定試験です。検定試験とは、受験する人の技能が、一定の水準にたっしているかどうかをためすための国家試験です。菓子製造技能士は、お菓子づくりにたずさわるプロを対象にした、検定資格に合格すると取得できる資格です。厚生労働大臣のもと、全国の都道府県知事からまかされた職業能力開発協会がおこないます。

菓子製造技能士の検定試験は、2級と、より高度な1級の資格があります。合格すると認定資格を取得して、プロの実力を証明することができます。

〈受験資格〉
1級と2級ともに、職業訓練の経歴や学歴に一定の決まりがあり、原則として2年間の実務経験が必要です。

〈試験内容〉
学科試験は、食品全ぱんにかかわる法律について、安全や衛生などをはじめ、製菓の実際、デザインの問題など50問が出題されます。製菓衛生師の資格をもっていれば、学科の一部が免除されます。

実技試験は、さだめられた時間内に仕こみから完成まで作業をおこないます。制限された時間をオーバーすると、その長さにあわせて減点されます。試験内容は1か月前に発表されるので、練習することが可能です。

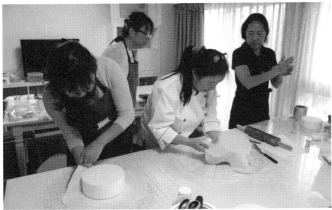

プロになってから、自分の実力を証明してくれる資格があるのね。

ケーキデコレーターの資格

欧米では、誕生日、結婚式、卒業式、出産祝いなど特別な日にデコレーションケーキを用意して祝う習かんがあります。日本でも、この習かんがいっぱん的になってきています。

このとき、ケーキをはなやかにかざりつけるプロフェッショナルがケーキデコレーターです。

パティシエの技術が、フランスを中心にしたヨーロッパで育ったのに対して、ケーキデコレーターの技術はアメリカでうまれて世界に広まりました。

1976年、アメリカのミシガン州モンローというところで全米ケーキショーが開かれたとき、国際ケーキエクスプロレーション協会が設立されました。この協会は、ケーキのデコレーションについて芸術的な高まりと、ケーキデコレーターの育成をめざしてつくられた組織で、いまでは世界の国ぐにで協会の会員であるケーキデコレーターがかつやくしています。日本でも、ようやく近年になってケーキデコレーターという職業がみとめられはじめ、人気も高まっています。普及の中心になっているのが、国際ケーキエクスプロレーション協会の日本代表である、日本ケーキデコレーション協会です。

日本ケーキデコレーション協会では、ケーキデコレーターの認定試験をおこなっています。試験をうけるためには、以下の公認デコレーター養成講座を受講する必要があります。

■ベーシックコース（週1回5時間、全6回）
↓
■アドバンスコース（週1回5時間、全7回）
↓
■公認デコレーター認定試験
↓
■プロフェッショナルコース

試験に合格すると、公認デコレーターとしてケーキづくりの現場でかつやくすることができます。さらに、教室や講習会などで講師をつとめる場合は、プロフェッショナルコースで学びます。くわしくは、日本ケーキデコレーション協会（http://www.cake-decoration.jp/）へ。

Q4 ケーキデザイナーのための製菓コンテスト
ケーキをつくるのが好きですが、小学生でも参加できるコンテストはありませんか？ケーキづくりのコンテストを教えてください。

A 小・中学生が参加できるものから、プロを対象とした国際的な製菓コンクールまで、さまざまな大会があります。
※情報は2016年10月時点のものです。

すでに終了したコンテストの情報もふくまれていますが、これからの予定や内容について、くわしいことはインターネットなどで調べてください。

小学生が参加できるコンテスト

■全国小学生パティシエ選手権…小学1年生から6年生を対象に、個性ゆたかなアイディアでつくったレシピのなかから、すぐれた作品がえらばれます。手づくり部門とお菓子の絵の部門があります。決勝大会では実際にケーキをつくり、うでをきそいます。

中学生・高校生が参加できるコンテスト

■スイーツ・アイディア・コンテスト…テーマにそってスイーツ（和菓子・洋菓子）のアイディアを提案する、中学生と高校生が対象のコンテストです。すぐれた作品は、目白大学短期大学部で先生といっしょに、実際につくります。

高校生が参加できるコンテスト

■高校生パティシエ選手権…製菓の専門学校が主催するコンテストで、高松（香川県）・徳島（徳島県）・福山（広島県）で予選がおこなわれます。高校生が2名1くみで参加して、テーマにそったケーキを2時間で完成させます。予選を勝ちぬくと本選にすすんで、ケーキづくりのうでをきそいます。

高校生が参加できるコンテスト

■貝印スイーツ甲子園…調理器具のメーカーとして知られている貝印が、全国の高校生を対象に開く洋菓子の技術競技大会です。全国を6つの地区にわけて予選がおこなわれ、予選を勝ちぬいた地区代表のチームは、決勝大会にすすみます。競技は、生徒3人1くみで参加して、テーマにそって世界にひとつのスイーツを創作します。決勝で優勝すると、海外に研修旅行にでかけることができます。

25歳以下ならだれでも参加できるコンテスト

■世界ジュニア製菓技術者コンクール…25歳以下なら、パティシエをめざす高校生や専門学校生などの学生、プロとしてかつやくする若手のパティシエが参加できます。世界洋菓子・パン連盟が2年ごとに開く、ジュニアの国際コンクールです。競技は、世界各国からの参加者によって、2日間にわたり、アメ細工やケーキづくりなどがきそわれます。

アジア大会の日本代表選手を決める大会

■トップ・オブ・パティシエ…アジアでナンバー・ワンのパティシエを決める「トップ・オブ・パティシエ・イン・アジア」（2年に1回開催）に出場する日本代表選手1名を決めるための国内選考会です。日本洋菓子協会連合会と東京都洋菓子協会が主催する「ジャパン・ケーキショー」の会場でおこなわれます。このコンテストでは、ひとりのパティシエがすべての作品をつくる点が特ちょうです。

日本最大の洋菓子作品展＆コンクール

■ジャパン・ケーキショー東京…毎年10月に、日本洋菓子協会連合会・東京都洋菓子協会主催、全国洋菓子協会共催で開催される、国内最大の製菓のイベント。日本をはじめ、台湾や中国などから合計2000点以上の作品が出品され、デコレーションケーキ・チョコレートやシュガークラフトなどの工芸菓子・ジュニアなど約14の部門ごとに表彰されます。

国内のパティシエが実力をきそうコンテスト

■全国洋菓子技術コンテスト大会…日本洋菓子協会連合会が、5年ごとに開く大会。競技は、2時間30分という制限時間内に、直径24cmのデコレーションケーキをマジパン（アーモンドとさとうをまぜてペースト状にしたもの）などでかざりつけます。すぐれた作品は、製菓業界による国内最大級の見本市「ジャパン・ケーキショー」の会場で展示されます。

世界最高レベルのパティシエコンテスト

■クープ・デュ・モンド・ドゥ・ラ・パティスリー…2年ごとにフランスのリヨンで開催される、プロのパティシエのためのコンテストです。大会では、アメ細工とチョコレートケーキの部門、チョコレート細工とチョコレートを使った皿盛りのデザート部門、氷彫刻とアイスクリームの部門にわかれ、技術がきそわれます。日本の代表は、3人1くみで国内予選をきそい、各部門ごとの優勝者がえらばれます。

ケーキデコレーターがうでをきそう世界大会

■ケーキデコレーションコンテスト…ケーキのデコレーションで世界的に有名なアメリカのウィルトン社が開く、ケーキデコレーターのための国際コンテストです。2014年に第1回が開催されました（次回開催は未定）。競技は、ケーキ部門とカップケーキ部門でおこなわれました。

＊この本をつくったスタッフ

企画制作	保科和代
編集制作	スタジオ248
デザイン	渡辺真紀
イラスト	あむやまざき
写真撮影	相沢俊之
DTP	株式会社日報

＊取材に協力していただいた方（敬称略）

東京都洋菓子協会
日本ケーキデコレーション協会

菅原智大（ラ ピエスモンテ）
伊藤文明（パティスリー メゾンドゥース）
西村緑（日本ケーキデコレーション協会）
manato（マジックケーキデコ）

三能ジャパン食品器具
Martellato

時代をつくるデザイナーになりたい!!
ケーキデザイナー

2016年11月30日　初版 第1刷発行

編　著	スタジオ248
発行者	圖師尚幸
発行所	株式会社 六耀社 東京都江東区新木場2丁目2番1号　〒136-0082 電話 03-5569-5491　Fax 03-5569-5824
印刷所	シナノ書籍印刷株式会社

NDC375／40P／283×215cm／ISBN978-4-89737-851-0
© 2016 Printed in Japan

本書の無断転載・複写は、著作権上での例外を除き、禁じられています。
落丁・乱丁本は、送料小社負担にてお取り替えいたします。